Bibliografische Information der Deutschen Nationalbibliothek:

Die Deutsche Bibliothek verzeichnet diese Publikation in der Deutschen National-
bibliografie; detaillierte bibliografische Daten sind im Internet über http://dnb.d-
nb.de/ abrufbar.

Impressum:

Copyright © 2009 GRIN Verlag, Open Publishing GmbH
Druck und Bindung: Books on Demand GmbH, Norderstedt Germany
ISBN: 9783640600243

Dieses Buch bei GRIN:

http://www.grin.com/de/e-book/149475/mangroven-in-suedamerika

Stefanie Benner

Mangroven in Südamerika

GRIN Verlag

Johannes Gutenberg-Universität
Fachbereich 09 – Geographisches Institut
Hauptseminar: Themen zur Physischen Geographie von Südamerika
Thema: Mangroven in Südamerika

Referentin: Stefanie Benner
Studienfächer: 1. Kath. Theologie, 2. Geographie (Lehramt, 9. Sem.)

Inhaltsverzeichnis

1. Bedeutung der Mangroven für die Geographie

Bei Mangroven handelt es sich gleichzeitig um eine Baumart und eine Pflanzenformation. Der Begriff stammt vom Wort „manggi". Er wurde von den Guarani, einem einheimischen Volk in Südamerika, geprägt und bedeutet „krummer Baum". Die Benennung geht auf eine bestimmte Mangrovenart zurück, die Rote Mangrove. Die Bezeichnung „manggi" beschreibt die Wuchsform der Pflanze (MEXIKO-LEXIKON 2008).

Mangroven sind vor allem „im Gezeitenbereich von Lagunen und Ästuaren des Küstenraums" (SCHMIDT 1995: 128) zu finden. Sie können jedoch nicht nur auf Schlickuntergrund wachsen, sondern auch auf Sandböden und sogar nackten Korallenriffen (LERCH 1980: 173).

Viele verschiedene Meeres- und Landorganismen teilen sich den Lebensraum „in den Mangrovensümpfen der tropischen und subtropischen Küsten", wie zum Beispiel Vögel, Insekten, Fische, Krebse und Algen (LIGHTHOUSE FOUNDATION o. J.). Es handelt sich um ein bedeutendes Ökosystem, dessen Stellenwert im Laufe der Arbeit noch erläutert werden wird.

Das „Holz wird unter anderem zum Haus- und Bootsbau, als Brennholz und zur Holzkohleproduktion genutzt" (ELSTER 1997: 2). „[D]ie Blätter der Mangroven können als Viehfutter dienen" (ELSTER 1997: 2). Einige der Pflanzen finden sogar Anwendung in der Medizin (ELSTER 1997: 2).

Um die Nutzung der Mangrove zu erläutern, müssen zunächst ihre Merkmale und Anpassungen aufgeführt werden. Zu ihnen gehören unter anderem die Wurzelsysteme und Salzverträglichkeiten der Pflanzen. Im Anschluss stellt sich die Frage des Vorkommens und der Bedeutung der Mangrove. An welche Faktoren ist das Auftreten der Pflanzenformation in Südamerika gebunden? Nutzung und Probleme, wie die Zerstörung, werden exemplarisch an drei Regionen des Kontinents konkretisiert. Auch der Einfluss des Menschen auf die Mangrove wird thematisiert. Abschließend dienen die behandelten Aspekte einer Beurteilung und dem Blick in die Zukunft.

2. Merkmale der Mangroven

„Rund 70 Bäume, Sträucher, Palmen und Farne aus 20 Familien bilden die eigentliche Mangrove" (SAINT PAUL u. SCHNACK 2006: 178). Diese Vegetationsform ist an warmes Wasser gebunden und verkraftet keinen Frost. „Unter sehr günstigen Bedingungen können Mangroven eine Höhe von 40 bis 50 m erreichen" (ELSTER 1997: 2). Die Wuchsgröße wird dabei von der Sonnenintensität und der geographischen Breite beeinflusst (ELSTER 1997: 2). Bei der typischen Mangrove handelt es sich um Halophyten. Diese wachsen auf salzreichem

Boden. Sie „verankern sich [mit] ihre[n] stelzartigen, undurchdringlichen Wurzelsysteme[n] im weichen Schlick" der tropischen Marschenküsten (KEHL 2008). Man unterscheidet zwischen echter und unechter Mangrove. Echte Mangroven können mindestens in einer Salzkonzentration wachsen, die der des Meerwassers entspricht (WALTER u. BRECKLE [3]2004: 223). „Die pflanzliche Diversität ist äußerst gering, gewissermaßen sind diese Gebiete das Gegenstück zum artenreichen Lebensraum Regenwald" (WEISSENHOFER u. HUBER 2006: 137).

2.1 Artenzusammensetzung

„Die größte Artenvielfalt herrscht im Bereich des Indomalayischen Archipels und den angrenzenden Gebieten des Indischen und Pazifischen Ozeans" (LERCH 1980: 173). Dort verfügt die Mangrove mit etwa 40 Arten über ihren beachtlichsten biologischen Reichtum (SAINT PAUL u. SCHNACK 2006: 178). „Mit zunehmender Entfernung von diesem Ausbreitungszentrum nimmt die [...] [Vielfalt] rapide ab" (LERCH 1980: 173). Daher wird zwischen einer artenreicheren „östlichen" und einer artenärmeren „westlichen" Mangrove unterschieden (SCHROEDER 1998: 176). Die geographische Ausbreitung hängt also mit der Differenziertheit der Arten zusammen. Dies lässt sich durch paläobotanische und paläogeographische Untersuchungen auf die Kontinentalverschiebung zurückführen. Erklären lässt sich dies mit dem Ursprungsgebiet der Mangrove, das in Südostasien liegt. Im Zentrum des Indopazifiks herrschen die besten klimatischen und geomorphologischen Bedingungen für das Wachstum der Pflanzen (SAINT PAUL u. SCHNACK 2006: 178). „Zu den Häufigsten Mangroven [weltweit] zählen:

Avicennia germinans:	(Schwarze Mangrove - hauptsächlich Neotropis)
Avicennia marina:	(Graue Mangrove - hauptsächlich Paläotropis)
Laguncularia racemosa:	(Weisse Mangrove - W-Afrika, N- und S-Amerika)
Rhizophora mangle:	(Rote Mangrove - hauptsächlich W-Afrika, N- und S-Amerika)
Rhizophora mucronata:	(Asiatische Mangrove - O-Afrika, Indi. Ozean, W-Pazifik)
Sonneratia alba:	(Apfel-Mangrove - hauptsächlich Paläotropis)" (KEHL 2008).

2.2 Salzverträglichkeit

„Die einzelnen Mangrovenarten unterscheiden sich hinsichtlich ihrer Salztoleranz" (KEHL 2008). Mit ihrem Potential in einem Lebensraum mit hoher Salzkonzentration zu überleben, gehören die Pflanzen zu den Halophyten (LERCH 1980: 177). Das Hauptproblem der Salzpflanzen „ist die Salzanreicherung in den Zellen infolge der Transpiration" (SCHROEDER 1998: 176). Um in dieser Situation leben zu können, passten sich die Mangroven im Laufe der Zeit an die Gegebenheiten an. Zu den erfolgreichen Methoden gehören die Einschränkung der Transpiration, die Sukkulenzsteigerung, die Salzabscheidung und die Salzabwehr (SCHROEDER 1998: 176).

Die zu letzt aufgeführte Anpassung funktioniert am besten bei den Rhizophora-Arten (z.B. bei der Roten Mangrove) (LERCH 1991: 237). Die Pflanzen lassen kaum Salz eindringen. Die „Wurzelzellen wirken wie Ultrafilter" (LERCH 1980: 178), die für Salzionen kaum passierbar sind. Das Wasser gelangt jedoch ohne Hindernis ins Innere der Pflanze. Durch einen niedrigeren Salzgehalt im Xylemwasser im Gegensatz zur Umgebung der Wurzeln und eine relativ konstante Salzkonzentration pro Blattfläche, sind diese Gewächse „in der Lage, [...] Schwankungen des Salzgehalts in ihrer Umgebung zu ertragen" (LERCH 1980: 178). So kommen diese Mangroven an offenen Meeresküsten, im Brackwasser und weit in Flussmündungen hinauf vor. „Bei den übrigen Mangrovearten können die Pflanzen sich nicht so vollkommen gegen das Eindringen von Salz abschirmen und sie müssen einer drohenden Übersalzung entgegenwirken" (LERCH 1991: 237). Eine Methode, um diesem Problem entgegenzuwirken, ist die Sukkulenzsteigerung, die z.B. bei Laguncularia racemosa („der Weißen Mangrove") ausgebildet ist. Es kommt nicht auf die absolute Salzmenge in einer Pflanze an, sondern auf die Konzentration. So kann eine verstärkte Salzanreicherung durch eine größere Wasseraufnahme kompensiert werden (LARCHER 1984: 258). Dabei kommt es zu einer „Plasmaquellung mit zunehmender Wassereinlagerung in den Vakuolen" (LERCH 1991: 237). Die dadurch gedehnten Zellwände werden mit der Zeit immer dickfleischiger. Der Sukkulenzgrad wächst also mit dem Alter der Blätter. Der Vorgang der Wassereinlagerung ist nicht unbegrenzt möglich. Daher „sterben die Blätter [bei einer zu großen Salzaufnahme] ab und werden mit dem darin enthaltenen Salz abgestoßen" (LERCH 1980: 178). Durch die Verzögerung der kritischen Salzgrenze und die längere Lebensdauer der Blätter, „ergibt sich [...] ein Gewinn für die Stoff- und Energiebilanz der Pflanze" (KINZEL 1982: 128). Eine weitere Möglichkeit in einer salzreichen Umgebung zu überleben, ist die Salzab-scheidung, die z.B. bei der Schwarzen Mangrove anzutreffen ist. Dabei befördern hoch entwickelte Absalzdrüsen das Salz wieder aus der Pflanze heraus. Diese Absonder-ungsvorgänge benötigen einen „beträchtlichen Aufwand an Stoffwechselenergie" (LERCH 1980: 178). Die Salzabscheidung kann zu Salzkrusten auf den Blättern führen, die durch Regen, Tau oder Nebel wieder abgewaschen oder aufgelöst werden. Die vorgestellten Methoden der Pflanzen, sich mit Salzvorkommen zu arrangieren, „erscheinen in der Natur niemals ganz rein ausgeprägt" (LERCH 1980: 178).

<u>**2.3 Zonierung**</u>

Die verschiedenen Mangrovearten gehen unterschiedlich mit dem Salzangebot um. Durch diese Gegebenheit kommt es zu einer Zonierung. Diese äußert sich in „verschiedene[n] küstenparallele[n] Bänder[n] unterschiedlicher Vegetation" (SAINT PAUL u. SCHNACK 2006: 179). Man unterscheidet fünf Waldtypen: Flusssaumwälder, Muldenwälder, Saumwälder, Überspülungswälder und Zwergwälder. Flusssaumwälder gehören zu den produktivsten Beständen und kommen an den Ufern von Ästuaren vor. „Diese Gebiete werden gezeitenperiodisch vollständig und regelmäßig überspült" (SAINT PAUL u. SCHNACK 2006: 179). Die Mangroven stehen unter dem Einfluss des süßen Flusswassers und des salzigen Meerwassers (KEHL 2008). Muldenwälder werden nur sporadisch den Gezeiten ausgesetzt. Sie liegen weiter im Hinterland und in ihren Vertiefungen sammeln sich organische Substanzen. Saumwälder stehen an den Ufern von geschützten Küsten, Buchten und Lagunen. Überspülungswälder „komm[...][en] auf flachen Inseln und kleinen Halbinseln vor, die regelmäßig bei Hochwasser überspült werden" (SAINT PAUL u. SCHNACK 2006: 179). Zwergwälder liegen über der Linie des mittleren Hochwassers. Durch den geringen Wasseraustausch kommt es lediglich zu einem Zwergenwuchs der Bäume (SAINT PAUL u. SCHNACK 2006: 179). Die Zonierung unterscheidet sich zusätzlich zwischen humiden und ariden Gebieten (WALTER u. BRECKLE [3]2004: 220). „Wenn es bei Niedrigwasser regnet, so wird das Salz aus den Mangrovenböden ausgewaschen" (WALTER u. BRECKLE [3]2004: 221). Daher sinkt die Salzkonzentration bei humidem Klima vom äußeren Rand in Richtung Landesinnere (vgl. Abb. 1).

Abb. 1: Lebensraum und Klimatypen von Mangrovenbeständen

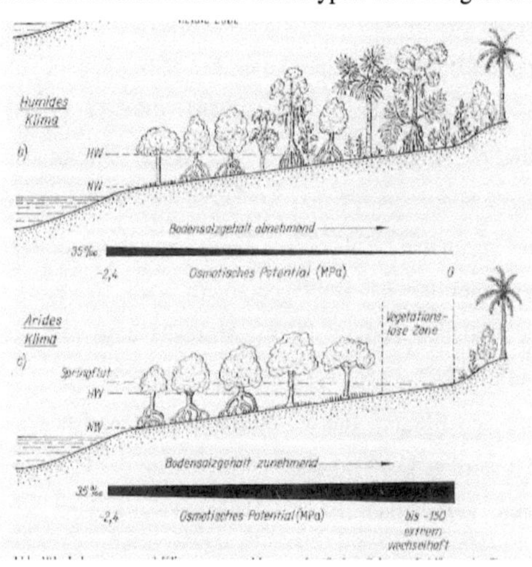

In aridem Klima verliert der Boden Wasser durch Transpiration und Evaporation. Daher steigt die Salzkonzentration landeinwärts an (WALTER u. BRECKLE [3]2004: 221).

Quelle: LERCH 1991: 234.

Weitere Faktoren für eine zonale Anordnung der Mangrovenarten ist die mechanische Belastung, die Atmung der Wurzeln, die Textur des Bodens und der Wettbewerb zwischen den einzelnen Arten. Weil sich die Gegebenheiten gebietsweise stark unterscheiden, ist die Vielfalt der Zonierungsabfolge groß (WALTER u. BRECKLE [3]2004: 224). Als ein Beispiel dient im Folgenden die Zone bei Itanhaén, südlich von Sao Paulo (vgl. Abb. 2).

Abb. 2: Querschnitt durch die Mangrovenzone bei Itanhaén (75 km südl. von Sao Paulo): NM = mittleres Meeresniveau, MB = Niedrigwasser, MA = Hochwasser. Rh = Rhizophora, Av = Avicennia, Lag = Laguncularia, Hib = Hibiscus, Sp = Spatina, Cr = Crinum, Ac = Acrostichum

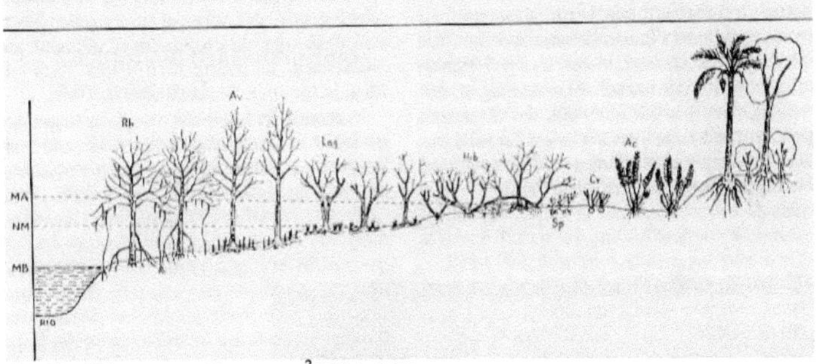

Quelle: WALTER u. BRECKLE [3]2004: 222.

Am äußersten Bereich siedeln Pflanzen der Art Rizophora (Rhizophoraceae), wie z.B. die Rote Mangrove, weil diese mit ihren Stelzwurzeln im Boden Halt finden und ihn festigen können. „Etwas weiter landeinwärts nimmt der Salzgehalt [...] zu und es folgen Avicenia (Avicenniacea) [...] und Laguncularia (Combretaceae)" (WEISSENHOFER u. HUBER 2006:138). Weiter im Hinterland wachsen Sauergräser, Liliengewächse, Farne und salztolerante Bäume. Nicht nur die Salz- und Überschwemmungstoleranz ist für die Zonierung der Mangrovenwälder verantwortlich, auch die Keimlinge sorgen dafür, weil sie meist in der Nähe ihrer Mutterpflanze anwachsen (WEISSENHOFER u. HUBER 2006:138).

Die Verteilung von Mangrovenarten an Flussmündungen kann sehr unregelmäßig sein, da es hier zu einem allmählichen Wechsel zur Süßwasservegetation kommt (WALTER u. BRECKLE [3]2004: 223).

2.4 Wurzeln

An Flussmündungen und im Gezeitenbereich von Küsten finden sich vorwiegend Schlick und feiner Sand, in denen die Mangroven Halt finden müssen. Die Pflanzen gehören zur Pioniervegetation (KEHL 2008). Bei auf- und ablaufenden Gezeiten fördern die Stelz- (z.B. bei

Rhizophora) und Styloidwurzeln (z.B. bei Avicennia) die Schlickanlagerung und bieten Standfestigkeit. (BRESINSKY [36]2008: 1118).

Die charakteristischen Stelzwurzeln der Gattung Rhizophora verlaufen häufig bogenförmig (vgl. Abb. 3) (SAINT PAUL u. SCHNACK 2006: 177).

Abb. 3: a) Stelzwurzeln und b) vivipare Keimlinge bei Mangrovepflanzen

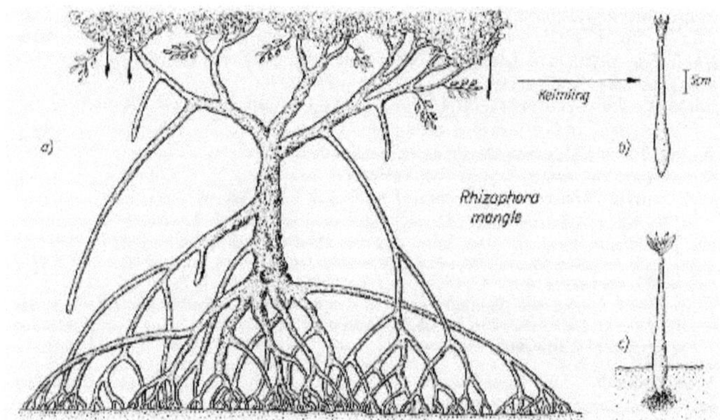

Quelle: LERCH 1991: 235.

Sie können vom Boden bis zur Krone reichen. Durch diese natürliche Anpassung können „die Rhizophora-Arten am weitesten seewärts vor[dringen]" und bilden so auf kleinen Inseln oder Riffen den einzigen Mangrove-Typ (LERCH 1980: 174). Durch das undurchdringliche Wurzelgeflecht bildet die Pflanze einen Lebensraum für zahlreiche Tiergesellschaften (LERCH 1980: 174). Die Stelzwurzeln „sind mit zahlreichen Luftporen und -kanälen bestückt, durch die [der] Sauerstoffmangel im Schlick ausgeglichen wird" (SAINT PAUL u. SCHNACK 2006: 178f).

Abb. 4: Atemwurzeln (Bau der Pneumatophoren)

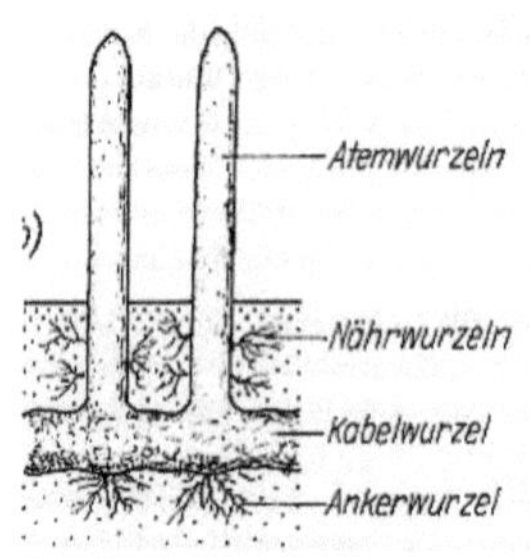

Zusätzlich haben einige Arten Atemwurzeln (Pneumatophoren) ausgebildet (vgl. Abb. 4). Diese „stehen aus dem Schlick heraus und saugen während der nicht überfluteten Zeit Sauerstoff an, um die anderen Organe damit zu versorgen (WEISSENHOFER u. HUBER 2006: 138). Die Atemwurzeln werden bei Flut überspült, liegen bei Ebbe jedoch frei (LERCH 1991: 236).

Quelle: LERCH 1991: 237.

2.5 Fortpflanzung

„Das gleiche Verankerungsproblem besteht auch bei der Frucht- und Samenverbreitung" durch den weichen Schlick und die täglichen Wasserschwankungen (LERCH 1980: 174). Daher passten sich einige Pflanzen mit der Eigenschaft der Viviparie an, wie z.B. die Gattung Rhizophora. Das heißt „[die] Samen keimen bereits auf der Mutterpflanze aus und entwickeln dort ein langgestrecktes pfeilförmiges Hypokotyl" (LERCH 1980: 175) (vgl. Abb. 3). Der Sprössling hängt mit der Wurzelspitze nach unten und fällt dann wie ein Wurfpfeil „unter Zurücklassung der Keimblätter aus der Frucht heraus[...]" (SCHROEDER 1998: 178). Der schwimmfähige Keimling (Propagul) bohrt sich entweder in den Schlamm und treibt umgehend Wurzeln aus (LERCH 1980: 176) oder er wird durch den Wellengang verdriftet und trägt so zur Ausbreitung bei (UTHOFF 1999:137). „Jungpflanzen [können] bis zu drei Monate schwimmend am Leben bleiben" (UTHOFF 1999:137). Wenn die Sprösslinge es nicht schaffen sich innerhalb eines Jahres zu verankern, sterben sie (SAINT PAUL u. SCHNACK 2006: 180f).

3. Verbreitung der Mangroven

Die Voraussetzungen für die genannten Merkmale sind an bestimmte Verbreitungsorte gebunden. Mangroven wachsen „in der Gezeitenzone tropischer und subtropischer Küsten" (SAINT PAUL u. SCHNACK 2006: 176). Da die meisten Arten nicht frostresistent sind, spielen klimatische Bedingungen eine bedeutende Rolle. So fehlt diese Vegetationsform an tropischen Küsten im Einzugsbereich kalter Wasserströmungen wie etwa weiten Teilen der Westküste Südamerikas und des südlichen Afrikas" (vgl. Abb. 5) (ENGELDINGER u. JORDAN 2003: 273).

Abb. 5: Verbreitung der Mangrove an den Küsten mit ungefährer Zahl der beteiligten Arten
N: Verbreitung der salztoleranten Palme Nypa fruticans

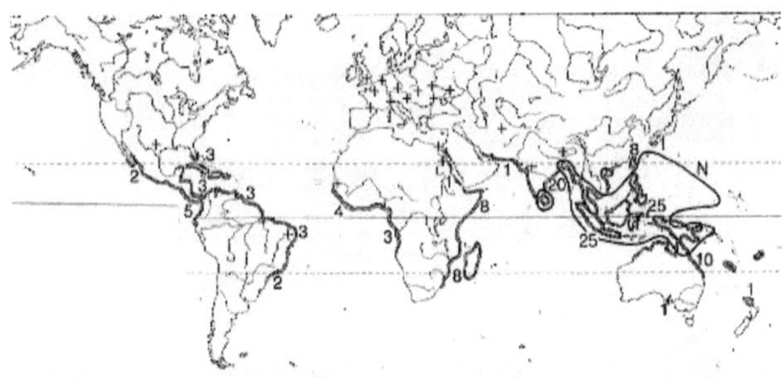

Quelle: SCHROEDER 1998: 177.

Optimale Lebensbedingungen werden bei Jahresdurchschnittstemperaturen zwischen 23 und 28°C erreicht (ENGELDINGER u. JORDAN 2003: 273) und einer mittleren jährlichen Wassertemperatur von über 20°C (SAINT PAUL u. SCHNACK 2006: 176).

Wie oben erwähnt, liegt das Ursprungsgebiet der Mangroven in Südostasien. „Von dort aus erfolgte ihre Verbreitung zum einen ostwärts über den Pazifik an die westliche Küste des amerikanischen Kontinents, zum anderen westwärts an die Ostküste des afrikanischen Kontinents und um dessen Südspitze herum an die östlichen und westlichen Küsten des Atlantiks" (SAINT PAUL u. SCHNACK 2006: 178). Die Ausbreitung ist an physikalische Barrieren, wie z.B. kalte Meeresströmungen gebunden, jedoch reichen die Mangrovenbestände „im Norden bis zu 32° n. Br. bei den Bermudas und Japan [...] [und] im Süden bis 38° s. Br. um Afrika, Australien und Neuseeland" (LERCH 1980: 173).

4. Bedeutung der Mangrovenwälder

Die Verbreitung der Mangrove beeinflusst ihrerseits das Vorkommen anderer Lebensformen. Das dichte Wurzelwerk bietet Lebensraum für andere Organismen. Fische, Krabben und Muscheln finden sich zwischen den Wurzeln, während Algen, Seepocken, Austern, Schwämme und Schnecken auf ihnen leben. Die Mangrove nimmt wie das Wattenmeer eine bedeutende Rolle als Kinderstube ein (SAINT PAUL u. SCHNACK 2006: 180). Im Mangrovenwald sind Reptilien, Säugetiere und Vögel beheimatet (LIGHTHOUSE FOUNDATION o. J.). Durch diese Vielfalt entsteht ein eigenes Ökosystem. Zu den natürlichen Funktionen der Mangrove zählen „Ablagerung von Sedimenten, Primärproduktion, Akkumulation von Nährstoffen sowie die Verbesserung der Wasserqualität" (ENGELDINGER u. JORDAN 2003: 278). Mit der Vielseitigkeit gehört das Ökosystem „neben Korallenriffen und tropischen Regenwäldern zu den produktivsten [...] der Erde" (LIGHTHOUSE FOUNDATION o. J.). Die Bestimmung der Primärproduktion ist sehr schwierig, jedoch wurde festgestellt, dass die Flussmangroven über die größte Produktion verfügen (ENGELDINGER u. JORDAN 2003: 278). Gemessen wird hierfür der Laubfall der Bäume. In Brasilien wurden „Werte[...] von täglich 1-5 g Kohlenstoff pro m²" nachgewiesen (SCHMIDT 1995: 129).

Da es sich bei Mangroven um offene Ökosysteme handelt, werden durch die Gezeiten auch Schwebstoffe weggeschwemmt, die dann anderen Lebewesen dienen (LIGHTHOUSE FOUNDATION o. J.). „So bildet der organische Abfall aus den Mangrovewäldern die Basis für die Nahrungskette in den angrenzenden Gewässern" (ELSTER 1997: 2).

„Eine weitere wichtige Funktion von Mangrovenwäldern ist der Schutz der Küsten vor verstärkter Erosion bei Sturm" (SCHMIDT 1995: 129). Sie „bilden im Übergang vom Land zur

See eine Barriere gegen Wirbelstürme, verhindern Bodenerosion und filtern Schadstoffe"
(KATALYSE. INSTITUT FÜR ANGEWANDTE UMWELTFORSCHUNG 2005). Konsequenz des
Fehlens eines solchen natürlichen Schutzes kann eine katastrophale Verwüstung sein, wie bei
dem „Tsunami im Dezember 2004 in Südostasien" (SAINT PAUL u. SCHNACK 2006: 179).
Daher sollten die noch bestehenden einmaligen Ökosysteme der Mangrovenwälder geschützt
werden (UTHOFF 1999:137).

5. Mangrove in Südamerika

Der Schutz vor Erosion „ist an der brasilianischen Küste von untergeordneter Bedeutung, da
hier tropische Stürme relativ selten sind" (SCHMIDT 1995: 129). Der Grund hierfür liegt in der
Temperatur des Oberflächenwassers des Südatlantiks. Der kritische Schwellenwert für die
Entstehung der tropischen Stürme liegt bei etwa 26° C und wird nur sehr selten überschritten.
Dennoch sind auch die Mangroven in Südamerika von großer Bedeutung „für die natürlichen
Prozesse im Küstenraum" (SCHMIDT 1995: 128).

6. Vorkommen

„[D]ie weltweit größten zusammenhängenden und teilweise unberührten Mangrovenwälder"
erstrecken sich entlang der brasilianischen Küste (SCHMIDT 1995: 128). Eine Begründung
dafür ist, dass die Küstenlinie mit „etwa 20 % [...] der Einwohner Brasiliens" nur schwach
besiedelt ist (SCHMIDT 1995: 128). Die Mangroven dehnen sich im Süden des amerikanischen
Kontinents bis nach Praia do Sonho im Bundesstaat Santa Catarina aus (vgl. Abb. 6). Das
weite Vordringen kann durch den warmen Brasil-Strom erklärt werden. An der westlichen
Küste hingegen fehlen Mangroven „[i]m ganzen Einwirkungsbereich des kalten Humboldt-
Stromes" (WALTER u. BRECKLE ³2004: 439). „Die Grenze für das Waldökosystem [verläuft]
bei 3° 35´ "(ENGELDINGER u. JORDAN 2003: 280). Bis 5° 30` finden sich noch kleine Bestände
(ENGELDINGER u. JORDAN 2003: 280). Die Abweichung zwischen potentiellem und
tatsächlichem Verbreitungsgebiet der Mangrove hat unter anderem anthropogene Ursachen,
auf die im Laufe der Arbeit noch Bezug genommen wird.

Abb. 6: Potenzielle Verbreitung der Mangrove

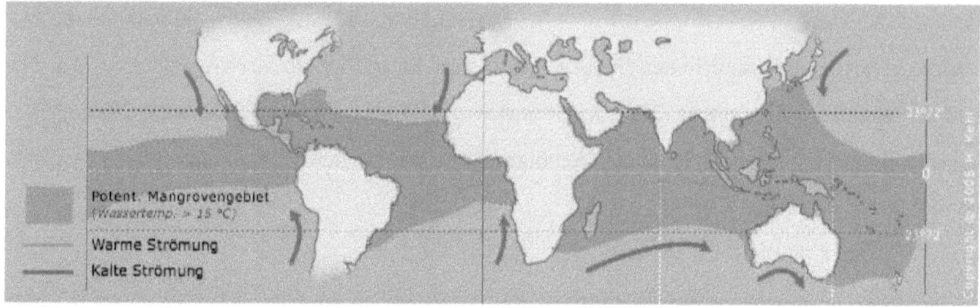

Quelle: KEHL 2008.

Das Wachstum der Mangrove kann sich durch Brackwasser besonders gut entwickeln. Daher findet man Wälder an den großen Flussufern, wie zum Beispiel dem Amazonas. Soweit wie der salzige oder brackige Unterstrom der Gewässer reicht, dringen die Mangroven ins Landesinnere vor (BORSDORF u. HOFFERT 2005).

7. Verschiedene Untersuchungsgebiete

Im Folgenden werden die Resultate von drei Untersuchungsgebieten der Mangrovewälder in Südamerika näher ausgeführt. Im Blick stehen unter anderem die Nutzungen und deren Auswirkungen.

7.1 Brasilien

Als erstes Beispiel für die Mangrove in Südamerika dient die Küste Brasiliens. Wie schon erwähnt handelt es sich um ein beachtliches Gebiet. „Die mit Mangroven bewachsenen Flächen werden mit 1,38 Mio. ha angegeben" (SCHMIDT 1995: 128). In dieser Zahl inbegriffen ist das ganze Ökosystem, also auch kleinere Bereiche und der Rand des Mangrovenwaldes. Er erstreckt sich von Französisch-Guyana bis nach Praia do Sonho und ist somit in 16 Küstenstaaten vertreten (SCHMIDT 1995: 128f). Amapá, Pará und Maranhão beherbergen etwa 85% des brasilianischen Mangrovenbestandes (SCHMIDT 1995: 129).

Die Standorte der Mangrove in Brasilien sind stark vom Tidenhub geprägt. „[D]ie Tiden-Amplitude ändert sich von über 8 m im Norden auf etwa 25 cm am südlichsten Ende des Verbreitungsgebietes" (SCHMIDT 1995: 129). Nur wenige Arten passten sich an diese Lebensbedingungen an. Zu ihnen gehören: Rhizophora harrisonii, Rhizophora racemosa, Rhizophora mangle (Rote Mangrove), Avicennia germinans (Schwarze Mangrove), Avicennia schaueriana, Laguncularia racemosa (Weiße Mangrove) und Conocarpus erectus

(SCHMIDT 1995: 129) (MAREK 2009). Ein weiterer Faktor für die Verbreitung der Mangrove im nördlichen Teil Brasiliens ist der hohe Niederschlag. An der Küste von Maranhão liegt er bei über 2000 mm im Jahr, daher lässt sich auch dort auch ein Mangrovengebiet von 500 000 ha erklären, was etwa einem Drittel des Mangrovenbestandes Brasiliens entspricht. In Bahia ist das Klima ähnlich humid, daher wachsen auch dort „in Buchten und Ästuaren ausgedehnte Mangrovenwälder" (SCHMIDT 1995: 129). Alle anderen Bundesstaaten verfügen meist nur über einen schmalen mangrovenbewachsenen Küstenstreifen. Im Gebiet des Amazonasdeltas wird die Verbreitung durch den hohen Süßwassereintrag eingeschränkt (SCHMIDT 1995: 129). Die Mangrovenwälder der Küsten schützen vor verstärkter Erosion. Diese Tatsache ist momentan für Brasilien von geringer Bedeutung, allerdings könnte dieser Schutz im Rahmen des globalen Klimawandels an Wichtigkeit gewinnen. Mit einem Anstieg des Meeresspiegels und einer Temperaturerhöhung könnte es auch an der Küste Südamerikas vermehrt zu einem Einfluss von tropischen Stürmen kommen (SCHMIDT 1995: 129). Welche bedeutenden Nutzungen momentan eine Rolle für die Mangroven spielen, wird im Folgenden aufgegriffen. Auch die daraus resultierende Bedrohung und Gegenmaßnahmen werden erläutert.

7.1.1 Nutzung der Mangrove

In den Ökosystemen finden viele Crustaceen (z.B. Garnelen) und Fische ihren Lebensraum. So erklärt sich die Nutzung der Fischerei, da die Gebiete über großen Reichtum an Garnelen, anderen Krustentieren, sowie Fischen verfügen. Leider kommt es in einigen Bereichen zur Überfischung (SCHMIDT 1995: 130). Eine weitere Ressource der Mangrovenwälder ist das Holz. Es wird in Brasilien „als Baumaterial sowie für Feuerholz oder Holzkohle" genutzt (SCHMIDT 1995: 130). Zusätzlich wird die Borke zur Tanninproduktion verwendet. Die Holznutzung wird im Falle Brasiliens „nur lokal zu einer Belastung für das Ökosystem, so im Bereich von São Luís [und] Maranhão" (SCHMIDT 1995: 130).

7.1.2 Bedrohung der Mangrove

Die angesprochene Belastung der Mangrovenwälder durch Abholzung, ist unter anderem eine Folge der Baulandgewinnung. Besonders in den südöstlichen Bundesstaaten, wie in Rio de Janeiro, São Paulo und Paraná nimmt die Entwicklung bedrohliche Ausmaße an, weil dort „große urbane und industrielle Zentren liegen" (SCHMIDT 1995: 131). Ein Grund für die Zerstörung ist die begehrte Küstenlage für Wohnsiedlungen. Da die Bevölkerungswanderung vom Land in die Stadt zunimmt, wachsen auch die Armensiedlungen, welche wiederum einen

Teil der Rodung verursachen. „Eine weitere erhebliche Dezimierung haben die Mangroven durch den Tourismusboom in den 70er Jahren erfahren" (SCHMIDT 1995: 131). Es wurden Ferienanlagen und Sporthäfen gebaut. Für das Tourismusgeschäft wurden zwischen Rio de Janeiro und São Paulo 50 % der Mangrovenbestände gerodet. Durch das verstärkte Menschenaufkommen kommt es häufiger zur Verschmutzung. Städtische und industrielle Abwässer gelangen immer wieder in die Mangroven und so gelangen die Pestizide und Schwermetalle in der Nahrungskette, da sie von den Organismen im Ökosystem aufgenommen werden. Um den erhöhten Energiebedarf der Städte zu kompensieren, werden an Flüssen Staudämme errichtet. Diese halten jedoch Sedimente zurück, welche dann fehlen um „an der Küste [...] den natürlichen Abtrag durch den Wellenschlag" auszugleichen (SCHMIDT 1995: 131). Das heißt die Küsten werden verstärkt erodiert. Eine weitere Bedrohung für die Mangroven kommt von der seewärtigen Seite. Hier stellt sich die Verschmutzung durch Öl vom Schiffsverkehr als Problem dar. Nach einem Ölunfall 1984 „in der Region der Santos-Bucht im Bundesstaat São Paulo" wurde erst nach acht Jahren eine Erholung der Mangroven festgestellt (SCHMIDT 1995: 131).,,Eine andere Art der zerstörerischen Nutzung [...] sind die Anlagen zur Salzgewinnung in den ariden nordöstlichen Bundesstaaten" (SCHMIDT 1995: 131). Durch die Unrentabilität wurde diese Inanspruchnahme der Mangroven weitestgehend abgebaut.

7.1.3 Schutz der Mangrove

Um die Ökosysteme vor der zerstörerischen Nutzung zu schützen, wurde im brasilianischen Bundesgesetz festgehalten, dass es sich bei den Mangrovewäldern um öffentliches Land handelt. Dieses Land kann „nicht zu Privatbesitz werden [...] und [soll] zum Wohle der Allgemeinheit verwaltet werden" (SCHMIDT 1995: 131). Die Einhaltung des Gesetzes lässt allerdings zu wünschen übrig, da die Überwachung sehr lückenhaft ist. Die Zerstörung führt mittlerweile zu spürbaren Auswirkungen, daher wurden besondere Schutzgebiete ausgewiesen (SCHMIDT 1995: 131). Eine Hürde in der Schutzpolitik stellt die Zuständigkeit dar. Im Bundesstaat Rio de Janeiro sehen sich drei staatliche Einrichtungen in der Pflicht. Hierunter zählen „das Forstinstitut, die Umweltingenieursstiftung und das Landesamt für Flüsse und Lagunen" (SCHMIDT 1995: 132). Für den Schutz der Mangroven ist auch ihre Regeneration von großer Bedeutung. Daher ist die Durchführung von Projekten zur Wiederansiedlung und Erholung sehr wichtig (SCHMIDT 1995: 132).

<u>**7.2 Ecuador und Peru**</u>

Weitere schützenswerte Mangrovenwälder liegen an der Westküste Südamerikas in Ecuador und Peru. Die Voraussetzungen der Entwicklung sind entlang der Küste nicht überall gleich. Es gibt acht unterschiedlich große Verbreitungsgebiete (ENGELDINGER u. JORDAN 2003: 280).

Abb. 7: Ausschnitt aus einer Vegetationskarte (Westküste Südamerikas)

Mangrovenstandort = blauer ausgefüllter Kreis

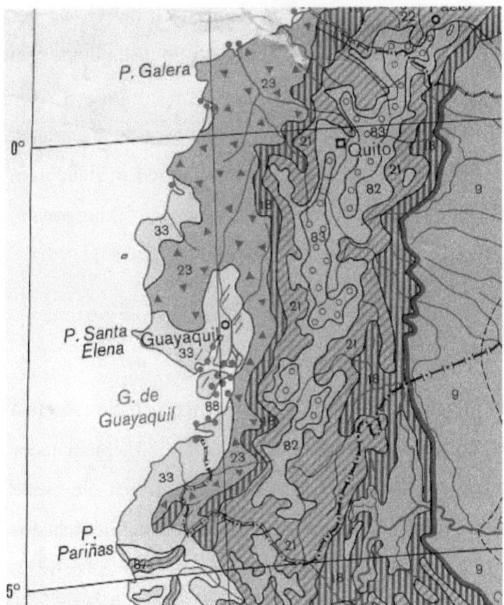

„Der südlichste Standort für Mangroven, noch auf peruanischem Gebiet, ist das Delta des Rio Tumbes, bereits im Golf von Guayaquil" (vgl. Abb. 7) (WALTER u. BRECKLE [3]2004: 439). Auf dieses Verbreitungsareal fallen über 80% der Gesamtfläche der Mangrovenbestände in Ecuador (ENGELDINGER u. JORDAN 2003: 280). Dort wachsen z.B. die Arten Rhizophora mangle, Avicennia tomen-tosa und Laguncularia racemosa (WALTER u. BRECKLE [3]2004: 439).

Quelle: HUEK u. SEIBERT [2]1981

„Der größte Teil der Mangrove Perus befindet sich unmittelbar südlich der Grenze zu Ecuador im Mündungsbereich des Rio Zarumillo" (ENGELDINGER u. JORDAN 2003: 280).

7.2.1 Standortbedingungen der Mangrove

Im Grenzbereich zwischen Ecuador und Peru „vollzieht sich auf relativ kleinem Raum [entlang der Küste] ein bemerkenswerter hygrischer Wechsel" (ENGELDINGER u. JORDAN 2003: 280). Der Norden Ecuadors ist vollhumid. Durch den ganzjährig vorhandenen Niederschlag kommt es zu keiner Salzanreichung, was den Übergang zur terrestrischen Vegetation landeinwärts erklärt (ENGELDINGER u. JORDAN 2003: 283). Der Norden liegt „im

Einflussbereich der innertropischen Konvergenzzone" (ENGELDINGER u. JORDAN 2003: 280). „Die ganzjährig stabil ausgeprägte südpazifische Antizyklone verhindert jedoch ein Vordringen der Konvergenzzone weiter nach Süden" (ENGELDINGER u. JORDAN 2003: 280). So kommt es zum Übergang in „ein semiarides Klima im Süden Ecuadors bis hin zu komplett ariden Verhältnissen im Norden Perus (ENGELDINGER u. JORDAN 2003: 280).

Die Mangroven sind allerdings nicht abhängig vom Niederschlag, da sie ihre Wasserzufuhr aus den auftretenden Überflutungen erhalten. Dementsprechend richtet sich die Größe des Vorkommens nach der Höhe des Tidenhubs, der an der Küste Ecuadors eine Amplitude von 2,5 bis 3 m erreicht.

Das semiaride Klima Ecuadors ist von einer „etwa sieben bis zehn Monate dauernden Trockenzeit" geprägt (ENGELDINGER u. JORDAN 2003: 283). In höhergelegenen Standorten kommt es zu Salzablagerungen. So kommt es zu einer Zonierung von Mangroven, Salzablagerungen und terrestrischer Vegetation (ENGELDINGER u. JORDAN 2003: 283).

7.2.2 Aquakultur in Verbindung mit der Mangrove

Da im Bereich der Salzablagerung kaum Vegetation vorzufinden ist, eignen sich diese Stellen „zur Anlage von Garnelenzuchtbecken" (ENGELDINGER u. JORDAN 2003: 283). In Ecuador nehmen die Aufzuchtsteiche über 100 000 ha ein (SCHMIDT 1995: 131). Durch die große Nachfrage an Shrimps in der Wohlstandsgesellschaft, „werden Mangroven rücksichtslos gerodet, um Platz für Aquakulturanlagen zu schaffen" (SAINT PAUL u. SCHNACK 2006: 185). Es handelt sich hierbei um den „wichtigsten Grund zur Vernichtung [des Ökosystems] [...] in Ecuador" (ENGELDINGER u. JORDAN 2003: 298). In der Region am Río Muisne und der Bahía de Cojimes sind Mangroven „nur noch sehr fragmentarisch vorhanden" (ENGELDINGER u. JORDAN 2003: 288). Wenn der Trend der Flächenumwandlung in den nächsten Jahren nicht gestoppt wird, werden auch die heutigen Restbestände bald verschwunden sein.

Ein weitere negativer Aspekt dieser Nutzung ist die Zahl der Arbeitsplätze. Es werden lediglich zwischen 0,2 und 0,6 Beschäftigte pro Hektar benötigt um eine Garnelenfarm zu bewirtschaften. Die meisten Angestellten verfügen nur über eine elementare Schulausbildung (ENGELDINGER u. JORDAN 2003: 302). Dadurch verdienen sie „nur 4 US-Dollar pro Tag" (KEHL 2008).

<u>**7.3 Kolumbien**</u>

Ein drittes Beispiel für das Ökosystem Mangrove mit negativem Einfluss des Menschen, „ist das Lagunensystem der Ciénaga Grande de Santa Marta an der karibischen Küste Kolumbiens" (vgl. Abb. 8) (ELSTER 1997: 3). Zu den dort vorkommenden Mangrovearten gehören unter anderem Avicennia germinans, Laguncularia racemosa, Rhizophora mangle und Batis maritima (ELSTER 1997: 15ff).

7.3.1 Standortbedingungen der Mangrove

Abb. 8: Darstellung der Lage von Ciénaga Grande de Santa Marta

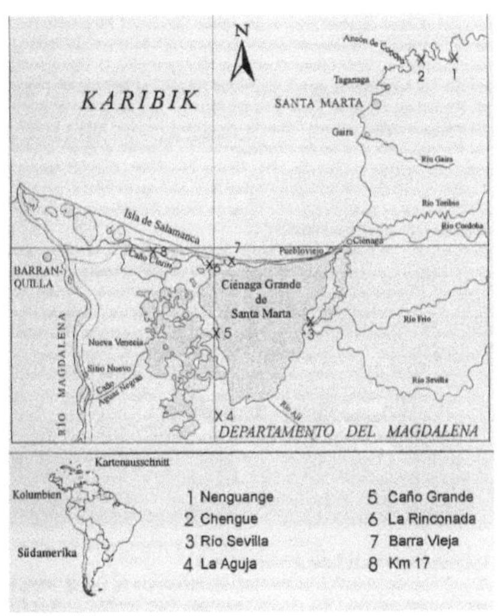

Das Gebiet liegt im Mündungsdelta des Rio Magdalena. „Durch die Isla de Salamanca, eine schmale langgezogene Sandbarriere, wird das Feuchtgebiet von der Karibik fast vollständig abgeriegelt" (ELSTER 1997: 5). Durch diese Gegebenheit ist der Tidenhub der Gezeiten im Lagunensystem nur sehr schwach ausgeprägt und liegt bei etwa 20 cm. Regen- und Trockenzeiten spielen eine weit bedeutendere Rolle im Bezug auf den Wasserstand. Durch sie können die Mangroven monatelang überflutet werden oder trockenfallen.

Quelle: (ELSTER 1997: 7).

In der Trockenzeit von Dezember bis März bilden sich Salzkrusten, die in der Regenzeit zwischen Mai und Juni wieder ausgewaschen werden. Die Passatwinde aus Norden und Nordosten erhöhen die Verdunstungsrate in den ariden Monaten (ELSTER 1997: 12). Ohne die Süßwasserzufuhr durch die angrenzenden Flüsse, wie den Rio Magdalena, wäre das Lagunensystem ständig versalzen. (ELSTER 1997: 6).

7.3.2 Einflüsse und deren Folgen

Durch die große Verfügbarkeit von Nährstoffen kam es zu großen Austern- und Crustaceenvorkommen. Der Fischreichtum des Ökosystem ließ die Region „zum bedeutendsten Fischereizentrum Kolumbiens" werden (ELSTER 1997: 6).

Die anthropogenen Eingriffe gehen jedoch weit über die Fischerei hinaus. Durch die Veränderungen im hydrologischen Gleichgewicht kam es zu einer starken Versalzung und Austrocknung der Böden, was wiederum zum Absterben der Mangroven führte.

Ein Beispiel für den Eingriff durch den Menschen „war der Bau einer Verbindungsstraße zwischen den Städten Ciénaga und Barranquilla" (ELSTER 1997: 8). Die Fahrbahn wurde auf der Landzunge Isla de Salamanca angelegt. Durch die nötigen Aufschüttungen wurden fast alle Verbindungen zwischen Lagune und Meer unterbunden. „[N]achdem die versandete Hafeneinfahrt wieder freigelegt werden konnte", übernahm Barranquilla wieder die „Stellung als wichtigster Hafen des Landes" (AUBERT u. MÜLLER-MOEWES [2]1989: 57). Der Küstenstandort ist zentraler Bezugspunkt der Industriezone des Landes (AUBERT u. MÜLLER-MOEWES [2]1989: 57).

Ein weiterer Einfluss wird durch die Landwirtschaft bestimmt. Einige Sumpfgebiete wurden von Kleinbauern und Viehzüchtern trockengelegt. Durch das Verschließen von Süßwasserzuflüssen kam es lokal zur Versteppung und Senkung des Grundwasserspiegels. Dies hatte erneut die Dezimierung der Mangrovenbestände zur Folge. Meist überlebt nur Avicennia germinans, die salzresistenteste der dort Vorkommenden Arten (ELSTER 1997: 8). Durch das Absterben der Bäume „werden auch die umliegenden Ökosysteme in Mitleidenschaft gezogen" (ELSTER 1997: 9). Wenn die Lebensgrundlage zum jetzigen Zeitpunkt für Tiere und Menschen noch nicht zerstört ist, so ist sie zumindest bedroht.

8. Anthropogene Eingriffe und Bedrohung

Die Gefährdung der Mangrovenwälder wurde bisher als lokales Problem dargestellt. Sie ist allerdings vielmehr ein globales Phänomen (vgl. Abb. 9).

Abb. 9: Mangrovenfläche weltweit

Kontinent	Schätzung 1980 (km²)	Schätzung 2000 (km²)	Verlust an Mangroven (km²) 1980–2000	Prozentualer Verlust 1980–2000
Südamerika	38.020	19.740	18.280	48
Asien	78.570	58.330	20.240	26
Mittel- und Nordamerika	26.410	19.680	6.730	26
Ozeanien	18.500	15.270	3.230	18
Afrika	36.590	33.510	3.080	8
Gesamt	198.090	146.530	51.560	26

Quelle: SAINT PAUL u. SCHNACK 2006

In den Jahren 1980 bis 2000 wurde fast die Hälfte der Bestände in Südamerika zerstört. Auch in Asien, Mittel- und Nordamerika, sowie Ozeanien und Afrika wurden die Ökosysteme in Mitleidenschaft gezogen. „Millionenstädte wie Bankok, Bombay, Jakarta, Kalkutta, Miami, Rio de Janeiro, Sidney und Singapur stehen heute da, wo einst Mangroven wuchsen" (SAINT PAUL u. SCHNACK 2006: 183).

Der Siedlungsbau stellt nicht die einzige Bedrohung dar. Die Aquakultur wird „vielfach als eine Industrie mit ständig wachsender Bedeutung gesehen" (ENGELDINGER u. JORDAN 2003: 298). Beide Aspekte verschlimmern die Auswirkungen eines Tsunami (SUCHANEK 2005).

Der fehlende Küstenschutz durch Mangroven, kann zu verheerenden Folgen führen. Mit einem dichtem Pflanzenwuchs an der Küste kann ein Teil der Energie des Tsunami vernichtet werden (UTHOFF 1999:164). Mangrovenwälder tragen also auch zur Sicherheit der Bevölkerung bei. Dies ist auch für die Pazifikküste Ecuadors von Bedeutung, da es sich um ein tsunamigefährdetes Gebiet handelt (RETTET DEN REGENWALD e.V. 2008).

Neben den genannten Gründen für eine Mangrovenzerstörung kommen die Flächenerschließungen für touristische Zwecke (KEHL 2008).

Die anthropogenen Eingriffe bedrohen das Ökosystem und führen im schlimmsten Fall zu dessen Zerstörung.

9. Ausblick

„Um sie zu erhalten und dabei gezielt zu nutzen, ist es notwendig, das Ökosystem Mangrovenwald in seiner Gesamtheit zu verstehen. (SCHMIDT 1995: 128)." Dafür ist es wichtig die Wechselbeziehungen zwischen den einzelnen Lebensräumen und Küstengewässern zu untersuchen (SCHMIDT 1995: 128). Denn wenn Mangrovenwälder zerstört werden, sinkt auch der Artenreichtum in ihrer Umgebung. „Erst durch eine fächerübergreifende Zusammenarbeit von Natur- und Sozialwissenschaftlern und Ökonomen sowie durch die Kooperationsbereitschaft der örtlichen Gemeinschaften lassen sich Pläne zum Schutz [...] umsetzen" (SAINT PAUL u. SCHNACK 2006: 187). In Deutschland hat sich „das Zentrum für Marine Tropenökologie (ZMT) in Bremen" dieser Aufgabe gewidmet (SAINT PAUL u. SCHNACK 2006: 188).

Auch die Regeneration der Mangrovenwälder setzt das angesprochene Wissen voraus. „Erfolgreiche Wiederaufforstungsprojekte sind u.a. aus Kolumbien, von den Philippinen und Brasilien bekannt" (SAINT PAUL u. SCHNACK 2006: 192). Der Erfolg hängt dabei auch von einer Beobachtung der Bestände in den folgenden Jahren ab (ELSTER 1997: 190).

Zunächst muss das Bewusstsein für den Wert der Mangrovenwälder weiter zunehmen. Denn es handelt sich nicht nur um „stinkende, undurchdringliche Schlammdickichte, voller Moskitos" (UTHOFF 1999:144). „Für [...] Geo- und Biowissenschaftler [...] stellt die Mangrove ein einzigartiges Ökosystem [...] dar" (UTHOFF 1999:145).

10. Literaturverzeichnis

AUBERT, H.-J. U. MÜLLER-MOEWES, U. (^{2}1989): Südamerika. München.

BORSDORF, A. und HOFFERT, H. (2005): Naturräume Latainamerikas. Von Feuerland bis in die Karibik. Internet: http://www.lateinamerika-studien.at/content/natur/natur/natur-1275.html (09.05. 09).

BRESINSKY, A. u. a. (^{36}2008): Lehrbuch der Botanik. Heidelberg.

ELSTER, C. (1997): Beziehung zwischen ökologischen Faktoren und der Regeneration dreier Mangrovenarten im Gebiet der Ciénaga Grande de Santa Marta, Kolumbien. Gießen.

ENGELDINGER, S. U. JORDAN, E. (2003): Das Ökosystem der Mangrove Ecuadors und Perus unter besonderer Berücksichtigung anthropogener Einflüsse. Geo-Oeko 24 (2): 271-309.

HUEK, K. u. SEIBERT, P. (^{2}1981): Vegetationskarte von Südamerika. Mapa de la Vegetatión de America del Sur. In: Walter, H. (Hrsg.): Vegetationsmonographien der einzelnen Großräume Band II. Stuttgart u. New York.

HISPANIOLANEWS (2008): Abholzen für Shrimps. Internet: http://www.hispaniolanews.de/joomla/index.php?option=com_joomlaboard&Itemid=38&func=view& catid=21&id=4836 (09.05.09).

KATALYSE. INSTITUT FÜR ANGEWANDTE UMWELTFORSCHUNG (2005): Mangroven als Tsunami-Bremse. Internet: http://www.katalysejournal.sepeur-media.de/fp/archiv/NaturKosmos/7822.php (09.05.09)

KEHL, H. (2008): Vegetationsökologie tropischer und subtropischer Klimate/LV-TWK (B.8). Internet: http://www2.tu-berlin.de/~kehl/project/lv-twk/23-trop-wet5-twk.htm (09.05.09).

KINZEL, H. (1982): Pflanzenökologie und Mineralstoffwechsel. Phytologie. Klassische und moderne Botanik in Einzeldarstellungen. Stuttgart.

LARCHER, W.(^{4}1984): Ökologie der Pflanzen auf physiologischer Grundlage. Stuttgart.

LERCH, G. (^{3}1980): 1. Das Pflanzenleben in seiner natürlichen Umwelt : mit 13 Tabellen. Berlin.

LERCH, G. (1991): Pflanzenökologie : mit 97 Tabellen. Berlin.

LIGHTHOUSE FOUNDATION. STIFTUNG FÜR DIE MEERE UND OZEANE (o. J.): Mangroven – Lebenskünstler auf salzigem Grund. Internet: http://www.lighthouse-foundation.org/index.php?id=74 (09.05.09).

MAREK, P. (2009): Mangrove-Mangroves-Mangroven. Internet: http://www.mangrove.de/mangrove/deutsch/index.php?id=arten&submenu=mangroven&le=1&re=0 (09.05.09).

MEXIKO-LEXIKON (2008): Mangroven-Wälder. Internet: http://www.mexiko-lexikon.de/mexiko/index.php?title=Mangroven-W%C3%A4lder (09.05.09).

RETTET DEN REGENWALD e.V. (2008): Mangroven: Der bedrohte Wald im Tropenmeer. Internet: http://www.regenwald.org/regenwaldreport.php?artid=267 (09.05.09).

SAINT PAUL, U. U. SCHNACK, C. (2006): Schutz und Nutzung der Mangrove. In : BORSDORF, A. (Hrsg.): Naturraum Lateinamerika: geographische und biologische Grundlagen. Wien: 175-193.

SCHMIDT, H. (1995): Die Bedeutung der Mangroven für tropische Küstengewässer: Beispiel Brasilien. Geographische Rundschau 47 (2):128-132.

SCHROEDER, F.-G. (1998): Lehrbuch der Pflanzengeographie. Wiesbaden.

SUCHANEK, N. (2005): Mangroven statt Touristen und Garnelen. Die unnatürliche Naturkatastrophe. Internet: http://www.tourism-watch.de/node/585 (09.05.09).

UTHOFF, D. (1999): Mangrovewälder in Südostasien. Nachhaltige Nutzung versus Degradierung und Zerstörung. In: MEYER, G. U. THIMM, A. (Hrsg.): Naturräume in der Dritten Welt. Mainz: 135-183.

WALTER, H. U. BRECKLE, S.-W. (^{3}2004): Spezielle Ökologie der tropischen und subtropischen Zonen. München.

WEISSENHOFER, A. U. HUBER, W. (2006): Die Vegetation der Neotropen am Beispiel Venezuelas. In: BORSDORF, A. (Hrsg.): Naturraum Lateinamerika: geographische und biologische Grundlagen. Wien: 119-143.